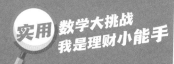

实用 数学大挑战
我是理财小能手

U0191730

什么是钱？

〔美〕凯蒂·马尔西科 著

王小晴 译

人民文学出版社
PEOPLE'S LITERATURE PUBLISHING HOUSE

著作权合同登记号　图字 01-2021-6058 号

图书在版编目（C I P）数据

实用数学大挑战：我是理财小能手： 全7册 /
(美) 凯蒂·马尔西科, (美) 塞西莉亚·明登著；王小
晴译. -- 北京：人民文学出版社, 2023
　ISBN 978-7-02-017633-5

　Ⅰ.①实… Ⅱ.①凯… ②塞… ③王… Ⅲ.①财务管
理－青少年读物 Ⅳ.①TS976.15-49

中国版本图书馆 CIP 数据核字 (2022) 第 224826 号

责任编辑　朱卫净　汤　淼
装帧设计　李苗苗
出版发行　人民文学出版社
社　　址　北京市朝内大街 166 号
邮　　编　100705

印　　刷　凸版艺彩（东莞）印刷有限公司
经　　销　全国新华书店等

字　　数　70 千字
开　　本　890 毫米 ×1240 毫米　1/32
印　　张　7.825
版　　次　2023 年 1 月北京第 1 版
印　　次　2023 年 1 月第 1 次印刷

书　　号　978-7-02-017633-5
定　　价　138.00 元

如有印装质量问题，请与本社图书销售中心调换。电话：010-65233595

目　录

什么是钱？

What Is Money?

第一章

石头、玉米和盐块

你收到过作为礼物的"钱",或者iTunes等在线零售商店的礼品卡吗?要是生活在几千年以前,你收到的"钱"没准是石头或贝壳!

古时候,人们用商品来交换其他商品或服务。比如,一蒲式耳①的玉米有时候会通过以物易物,或者说交易,换来一蒲式耳的土豆。

不过,以物易物常常会变得很复杂。到底多少蒲式耳小麦才能换一头奶牛?于是,人们开始使用货币,或者说钱,给产品赋予实际价值。

---

① 蒲式耳是英制的体积单位,于英国和美国通用,主要用于度量干货,尤其是农产品的重量。通常1英蒲式耳约等于36.37升,1美蒲式耳约等于35.24升。

古时候的钱和现在的钱看起来不太一样。盐块、大麦、珠子和羽毛在古代都曾被用作货币。有人认为最早的硬币来自古老的吕底亚王国，也就是现在的土耳其。还有一些人认为，最早的硬币产自几千年前的中国。

以前，人们常常用一种食物交换到他们想要的另一些食物，而不是用钱来支付

硬币已经存在了几千年

后来,中国人开始使用纸币,因为纸币比硬币要轻很多。政府还会印制一些叫作交子的纸张,这些纸张采用特殊设计,没人能够复制。每一张交子都有固定的价值。再往后,早期的欧洲殖民者移民美国,带去很多来自不同国家的硬币。他们经常和美洲原住民交易。美洲原住民的钱是用贝壳做的,叫作贝壳串珠,常常被编成腰带和手镯。

英国政府不允许被殖民地人民印制自己的货币，他们不得不使用硬币、贝壳串珠和商品来买卖产品。殖民地人民宣布独立后，为独立的美国制造了钱。这些钱是怎么来的？现在又是谁制造了所有的钱？

二十一世纪新思维

　　随着时间的推移，很多国家铸造了自己独特的硬币。有金的、银的、铜的、青铜的，有些是圆形，有些是方形。中国古代的硬币是圆形的，中间有一个方形的孔！古代的硬币上常常印着一些符号，或者动物和统治者的图像。为什么每个国家的硬币拥有特殊的设计很重要呢？

第二章

钱币的制作

　　1782年，新成立的美国政府在宾夕法尼亚州的费城建立了第一家美国铸币厂。铸币厂就是制造硬币的地方。如今，美国的流通硬币是在科罗拉多州的丹佛市被铸造出来的。

　　美国的流通硬币上一定铸有一些特定的单词和词汇，如"Liberty（自由）""United States of America（美利坚合众国）""E Pluribus Unum（拉丁语：合众为一）"。每一枚硬币也会显示面额及铸造年份。

那么,硬币是如何被设计出来并进入流通的呢?首先,艺术家的设计图样必须经美国国会批准。然后,制作一枚塑料硬币模型。一台机器从塑料硬币上复制设计图样,再印到一个小金属模具上。模具是用来塑形的。在另一台机器上,一张张金属薄片被切成圆

硬币在科罗拉多州丹佛市的美国铸币厂制造

美国纸币大多是绿色和白色的，其他国家的纸币会使用不同的颜色

盘。这些圆盘叫作空盘，会被加热、冷却、清洗、塑形。接着，在硬币压印机中放入模具。这台机器会把模具压进空盘，硬币就铸造完成了。硬币压印机每分钟能够制作750枚新硬币！最终，铸造完成的硬币被装入袋中、称重，再存储起来，等待被分配。

　　1861年，美国财政部开始印刷纸币。如今，美国的纸币面额有1美元、2美元、5美元、10美元、20美元、50美元和100美元。铸印局负责印刷美国所有的纸币，在华盛顿哥伦比亚特区和得克萨斯州的沃思堡完成纸币的印制。

不同的国家生产不同形式的货币。比如,加拿大没有1元和2元纸币,他们使用叫作"鲁尼"的1元硬币和叫作"托尼"的2元硬币。

美国的纸币是用一种特殊的棉麻混合物制成的,混合物中还有红色和蓝色的纤维。一张5美元钞票的平均寿命约为5年。相比之下,很多硬币的平均寿命大概是30年。

铸币厂工人清楚地知道印制纸币要比铸造硬币容易一些。有

实用数学大挑战

你也许听说过"成吨的钱"这样的表达。1吨1美分硬币=3630美元。1吨25美分硬币=40000美元。1吨1美元钞票=908000美元。

· 1吨1美分硬币有多少枚?

· 1吨25美分硬币有多少枚?

· 1吨1美元钞票再加多少张才能价值100万美元?

(答案见第28页)

这些是25美分硬币的几种设计

二十一世纪新思维

2003 年, 美国铸币厂启动了艺术家铸币项目(AIP)。作为 AIP 的一部分, 艺术家可以申请设计 50 个 25 美分硬币的机会。这些 25 美分硬币上有代表各州景观和文化的图案。2010 年, 他们开始设计第二套有地标图案的硬币, 在 2021 年完成。每年都有新的艺术家加入, 也有一些艺术家离开。这是为艺术家创造新就业机会的一种方式。

时候会有不诚实的人试图伪造钞票。伪钞看起来和真钞差不多，不过没有价值。你如果仔细研究一张真票，能找到很多防伪标识。每一张真票都有一行特殊序列号和一个国库印章。此外，还有安全线，这也增加了用彩色复印机复制纸币的难度。最后，美国国库每7年或10年都会更改一次货币设计。这些改变也增加了美国钞票的伪造难度。

现在你知道了钱的历史，也知道了钱是如何制造出来的。接下来，我们来看一看数学是如何让那些金属片和纸张变得这么有价值的！

第三章

开动脑筋：钱
为何拥有价值

　　如果你的邻居雇用你铲雪，没有付你现款，却给了你一堆贝壳，你该怎么办？贝壳在商店里没有价值。钱是有价值的，因为你可以用钱购买商品和服务。商店接受你的钱，并把这些钱用于进货和支付店员工资。店员用在这家商店工作挣得的钱到其他商店买东西，他们也会把钱存入银行，留着以后再买东西。所有这些行为都是我们经济体系的一部分。

银行管理它们的账户,可是谁来管理银行呢?1913年,美国国会建立了联邦储备系统。"美联储"的目的是为美国货币提供一个稳定的货币体系。这就像一个为其他银行服务的银行,也是为美国政府服务的银行。

美联储的工作之一就是保持低利息率。利息就是你借钱时所要额外支付的钱。如果利息率低,借款人在还清所有欠款之前,只

通过购物,人们影响着周围的经济体系

买车的最好时候就是贷款利息率很低的时候

需要支付很少的利息。如果利息率高，借款人就要支付很多利息。

美元的实际价值会随着时间而变化。这种变化是由通货膨胀和通货紧缩引起的。当商品需求上升而供给下降时，就会发生通货膨胀。通货紧缩则相反。比如，在1930年，你只要花0.09美元就能买一条面包；1967年，你得花0.22美元；到了20世纪90年代，则要花1美元;2015年, 根据成分和生产商的不同, 一条面包的价格在2美元到4.5美元之间。价格是一夕之间上涨的吗?不是, 通货膨胀通常发生在很长一段时间内。通货膨胀和通货紧缩是决定经济体系中货币价值的重要因素。

实用数学大挑战

约瑟夫从哥哥迈克那里借了60美元。约瑟夫同意每星期还款20美元再加上余额3%的利息, 直到借款还清。

· 约瑟夫多久能还清借款?

· 约瑟夫每星期要支付多少利息?

· 约瑟夫一共要支付多少利息?

(答案见第28页)

第四章

开动脑筋：钱的种类

当银行刚开始发行纸钞，或者说纸币的时候，钱就开始代表真金白银。任何人都可以到美国的银行用纸币兑换黄金或白银。这被称为金本位制。

然而，如今，我们的钱被称为不兑现纸币。我们使用的货币被政府认为是可以合法流通的。纸币本身是没有价值的，钱的价值来源于供给和需求。

还有一种钱是信用。有了信用,你可以先买一样东西,并承诺未来会付款——通常要产生利息。人们还会通过银行贷款消费。短期贷款,比如信用卡消费,通常用于支付各种日常用品。信用卡贷款的利息率通常比银行贷款的利息率要高。同时,银行贷款通常用于购买房、车等较贵的商品。银行贷款的利息率通常较低,因为需要很长时间才能还清。

购房者通常需要贷款来支付房款

当你存支票的时候，银行将会从写支票的人的账户里扣钱，再转到你的账户

你还可以通过支票和电子转账来买卖商品或服务。试想，你的朋友劳拉把她的旱冰鞋卖给你。你写给劳拉一张支票。支票是你的书面保证，能够保证一家企业或一个人能够收到支票上所显示金额的款项。

劳拉将支票存入她的银行账户。你的银行账户会被扣除相应金额，然后转入劳拉的银行账户，这被称为电子转账。

礼品卡也是一种货币。你收到一张礼品卡，就意味着有人已经预付了一定金额的钱存在了卡里。你可以在卡上所列的任何商店或餐厅使用这些钱。比如，你可以用亚马逊网站销售的礼品卡在网站上购买图书、音乐等任何商品。

实用数学大挑战

朱莉有一张 25 美元的亚马逊网站礼品卡。她已经买了 17 首数字音乐，每首 0.99 美元。现在，她还想买几本喜欢的 Kindle 电子书。每本电子书 8.85 美元。

- · 朱莉的礼品卡已经花了多少钱？
- · 她有足够的钱买电子书吗？
- · 如果钱不够，那她还需要再花多少钱？

(答案见第 29 页)

我们已经了解了美国货币，但是其他国家的货币也很重要。我们生活在全球化经济之中。一个国家的货币价值也会影响另一个国家的货币价值。一个国家的钱在另一个国家的价值被称为汇率。2015年某天，1美元现金约等于1.26加拿大元。汇率因国而异，而且变化频繁。

二十一世纪新思维

20世纪90年代末，几个欧洲国家政府携手共进，以营造更稳定的经济环境。每个国家不再使用自己的货币，而是决定使用统一的货币——欧元。现在意大利、西班牙、葡萄牙和法国等国都在使用欧元。你觉得这个体系有什么优势吗？

第五章

让你的钱对你有价值！

你如果认为你花的钱对我们的经济体系没什么影响，那就要再仔细想想了。美国有几百万和你年龄差不多的孩子。其中很多孩子每年会花费数百美元。这就意味着有几十亿美元进入美国的经济体系。选择好的购物方式不仅对你自己有帮助，也对经济有帮助。

从现在开始练习算术和货币管理能力是非常重要的。这些能力会给你所需要的工具,助你走向更好的经济未来。最好先有一个计划,把你花钱的计划记录下来叫作预算。预算应当包括你的资产(收入)和花销(支出)。先记录几个星期的支出,把所有项目都写下来。记账能帮助你看到自己最大的花销是什么。

你如果从小就开始学习记账,那么长大后会省掉很多麻烦

生活和事业技能

　　人们不断地使用一些技术，寻找令人兴奋的新方法来创造和兑换货币。例如，一些银行客户只需要用智能手机拍一张支票的照片就可以存钱。他们将这张电子图片发给银行，嗖，存款就完成了！

　　还要学会分辨"想要"和"需要"。购买某样东西之前，先停下来问问自己是真的需要这项物品，还是只是想要它。用钱还有可能赚到更多的钱。你如果把钱存进银行储蓄账户，银行就会付你利息。人们通常也会通过投资来赚钱。要计算出多久能将钱翻倍可以使用"72法则"，用72除以利息率，得到的答案大约就是能让你原来的钱翻倍所需要的年数。

10:48 am

Mobile Banking

Savings

$3,287.36 >

$942.

纵观历史,货币的演变方式多种多样。盐块和贝壳已经被电子转账和信用卡替代。但是有一个惯例始终没有变化,就是用有价值的东西来交换你想要或者需要的东西。你今天是怎么花钱或存钱的?

实用数学大挑战

加西亚太太仔细地记录自己的开销。她注意到牛奶在涨价。在过去的4个月里,她每个月买牛奶的钱分别是2.45美元、2.6美元、2.75美元和2.9美元。

- 牛奶每个月的价格差多少?
- 按照这个规律,请你预测一下,在第五个月的时候,牛奶的价格是多少?
- 在第五个月的时候,牛奶的价格一共涨了多少?

(答案见第29页)

27

实用数学大挑战 答案

第二章
第 9 页
1 吨 1 美分硬币有 363000 枚。
3630 美元 ÷0.01 美元＝ 363000 枚

1 吨 25 美分硬币有 160000 枚。
40000 美元 ÷0.25 美元＝ 160000 枚

再加 92000 张 1 美元钞票，才能价值 100 万美元。
1000000 美元－ 908000 美元＝ 92000 美元

第三章
第 15 页
约瑟夫 3 个星期能还清贷款。
60 美元 ÷20 美元＝ 3 星期

约瑟夫第一个星期需要支付迈克 1.8 美元的利息。
60 美元 ×0.03 利息率＝ 1.8 美元
第一个星期之后，约瑟夫的剩余未偿还额是 40 美元。
60 美元－ 20 美元＝ 40 美元
第二个星期，约瑟夫将支付迈克 1.2 美元的利息。
40.00 美元 ×0.03 利息率＝ 1.2 美元

第二个星期后，约瑟夫的剩余未偿还额是 20 美元。
40 美元－ 20 美元＝ 20 美元
在第三个星期也就是最后一个星期，约瑟夫将支付迈克 0.6 美元利息。
20 美元 ×0.03 利率＝ 0.6 美元

约瑟夫一共要还 3.6 美元的利息。
1.8 美元＋ 1.2 美元＋ 0.6 美元＝ 3.6 美元

第四章
第 19 页

朱莉的礼品卡已经花了 16.83 美元。
17 首数字音乐 × 每首 0.99 美元＝ 16.83 美元

她的礼品卡里没有足够的钱买电子书了。
25 美元－ 16.83 美元＝ 8.17 美元

她还需要 0.68 美元。
8.85 美元－ 8.17 美元＝ 0.68 美元

第五章
第 26 页

牛奶每个月价格之间差额是 0.15 美元。
2.6 美元－ 2.45 美元＝ 0.15 美元
2.75 美元－ 2.6 美元＝ 0.15 美元
2.9 美元－ 2.75 美元＝ 0.15 美元

根据这个规律，牛奶下个月的价格将是 3.05 美元。
2.9 美元＋ 0.15 美元＝ 3.05 美元

牛奶的价格一共上涨了 0.6 美元。
0.15 美元＋ 0.15 美元＋ 0.15 美元＋ 0.15 美元＝ 0.6 美元

词 汇

以物易物（bartered）：用产品、物品或服务交易，而不是用钱。

流通（circulating）：像硬币这样的物体在人与人之间处于相互传递的状态。

伪造（counterfeit）：为了欺骗而制造和某样东西看起来一模一样的东西。

货币（currency）：在某个国家或地区使用的正在流通的钱。

通货紧缩（deflation）：商品和服务的价格下降。

面额（denomination）：一张纸币或一枚硬币的价值。

经济体系（economic system）：商品和服务的生产、分配和消费。

不兑现纸币（fiat money）：不能够兑换黄金和白银的纸币。

通货膨胀（inflation）：商品和服务的价格上涨。

投资（investments）：花一些钱并希望最终赚得利润的经济行为。

序列号（serial number）：为了防止伪造货币而给每一张纸币编制的特殊编码。